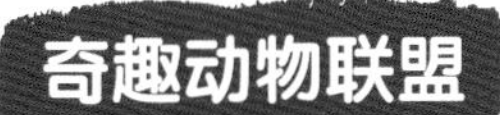

养只恐龙做宠物

斯塔熊文化　编绘

石油工業出版社

图书在版编目（CIP）数据

奇趣动物联盟．养只恐龙做宠物 / 斯塔熊文化编绘．-- 北京 : 石油工业出版社，2020.10
ISBN 978-7-5183-3572-5

Ⅰ．①奇… Ⅱ．①斯… Ⅲ．①动物－青少年读物
Ⅳ．①Q95-49

中国版本图书馆 CIP 数据核字（2020）第 054516 号

奇趣动物联盟

养只恐龙做宠物

斯塔熊文化　编绘

选题策划：马　骁
策划支持：斯塔熊文化
责任编辑：马　骁
责任校对：刘晓雪

出版发行：石油工业出版社
（北京安定门外安华里 2 区 1 号楼 100011）
网　　址：www.petropub.com
编 辑 部：（010）64523607　　图书营销中心：（010）64523633
经　　销：全国新华书店
印　　刷：北京中石油彩色印刷有限责任公司

2020 年 10 月第 1 版　2020 年 10 月第 1 次印刷
889 毫米 ×1194 毫米　开本：1/16　印张：3.75
字数：50 千字

定价：48.00 元
（如发现印装质量问题，我社图书营销中心负责调换）

欢迎来到我的世界

嗨！亲爱的小读者，很幸运与你见面！我是一个奇趣动物迷，你是不是跟我有一样的爱好呢？让我先来抛出几个问题“轰炸”你：

你想不想养只恐龙做宠物？

“超级旅行家”们想要顺利抵达目的地，要经历怎样的九死一生？

数亿年前的动物过着什么样的生活？

动物们怎样交朋友、聊八卦？

动物界的建筑师们有哪些独家技艺？

动物宝宝怎样从小不点儿长成大块头？

想不想搞定上面这些问题？我告诉你一个最简单的办法——打开你面前的这套书！这可不是一套普通的动物书，这套书里有：

令人称奇的恐龙饲养说明。

不可思议的迁徙档案解密。

远古生物诞生演化的奥秘。

表达喜怒哀乐的动物语言。

高超绝伦的动物建筑绝技。

萌态十足的动物成长记录。

童真的视角、全面的内容、权威的知识、趣味的图片……为你全面呈现。当你认真地读完这套书，你会拥有下面几个新身份：

恐龙高级饲养师。

迁徙动物指导师。

远古生物鉴定师。

动物情绪咨询师。

动物建筑设计师。

萌宝最佳照料师。

到时，我们会为你颁发“荣誉身份卡”，是不是超级期待？那就快快走进异彩纷呈的动物世界，一起探索奇趣动物王国的奥秘吧！

目录

这个……
这个……
真是笨得可爱！

这零食有点硬！

带上你的爱心和耐心，

饲养一只又萌又猛的宠物吧！

主角登场

无论是在影视作品中，还是在科幻小说中，我们经常看到恐龙的身影。这些大块头的真面目到底是怎样的呢？我们一起来看看吧！

什么是恐龙

恐龙是一种生活在中生代的爬行动物，外形和现在的蜥蜴、鳄鱼很像，其种类和数量都很多，曾统治地球长达 1.6 亿年，即大约从恐龙出现的 2.3 亿年前到它们灭绝的 6500 万年前。

这样得名

早在19世纪，欧洲人就发现了许多奇特的化石，这些化石和蜥蜴的骨骼很相似，但却大很多。从骨骼结构上推断，这种动物甚至可以直立行走。这些化石引起了人们各种猜想，直到1942年，英国古生物学家理查德·欧文创建了“dinosaur”这一名词，用来统一称呼这些“大家伙”。后来，中国、日本等国的生物学家将其翻译为“恐龙”，因为这些国家有关于“龙”的传说，借助“龙”的形象，能让人们对这种生物产生敬畏之情和好奇之心。

一般来说，肉食性恐龙的视力比植食性恐龙的视力好一些。因为它们需要快速发现目标，大致判断位置，这样才能捕捉到猎物。有的恐龙喜欢在晚上捕食，对视力的要求就更高了。

对恐龙的误解

一提到恐龙，很多人马上会想到它们巨大而凶暴的样子。其实，并不是所有恐龙都是这样的。在恐龙家族中，有的恐龙比公共汽车还要大，有的却比鸡还小。

和其他史前爬行动物相比，恐龙的腿更长更粗，这让它们能快速奔跑，以获得更多的食物。

肉食性恐龙的爪子，是它们进攻的武器。

尾巴可以帮助恐龙平衡身体，有时候也可以作为对付敌人的武器。

恐龙大家族

地球上曾繁衍了许多生命，其中的大多数都已经灭绝了，但它们的遗体、遗迹有一部分却在岩层中保留下来，形成了化石。科学家们通过对恐龙化石进行研究，根据其腰带的构造特征，将恐龙分成了两大类：鸟臀目类和蜥臀目类。

恐龙的祖先

古生物学家研究发现，恐龙的祖先应该是一种体形较小但身体比较灵活的初龙。

鸟臀目类

顾名思义，鸟臀目类恐龙有着“如鸟类般的臀部”，拥有与鸟类相似的骨盆结构。鸟臀目类恐龙大多性情温和，不具有进攻性，但在长期的进化过程中，逐渐发育出了多种多样的防御结构，如各种爪子、角、甲胄等。

蜥臀目类

蜥臀目类恐龙具有三叉的骨盆结构，耻骨在肠骨下方向前延伸，坐骨则向后伸，这样的结构与蜥蜴类相似。

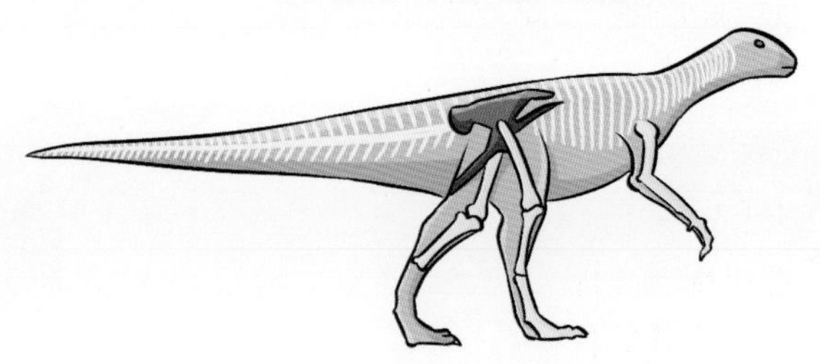

新鸟臀类

据说，新鸟臀类恐龙都是植食性恐龙。

鸟脚下目

鸟脚下目恐龙最初体形小，以双足行走，后来体形变大，以四足行走。

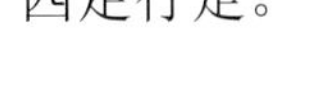

头饰龙类

头饰龙类恐龙的头颅后方有骨质的隆起或装饰物。

角龙下目

这类恐龙有类似鹦鹉的喙状嘴。

肿头龙亚目

这类恐龙有圆丘状的厚头颅骨，以两足行走。

装甲亚目

装甲亚目恐龙背部一般长有装甲，防御能力强。

甲龙下目

这类恐龙身上披着装甲，以四足行走。

剑龙下目

这类恐龙背上长着骨板，尾巴上有棘刺，以四足行走。

蜥脚亚目

蜥脚亚目恐龙长着小脑袋、长脖子，体形巨大，以四足行走。

蜥脚下目

蜥脚下目比蜥脚亚目出现晚，一直生存到白垩纪晚期。

原蜥脚下目

这类恐龙的代表是板龙，灭绝于侏罗纪早期。

兽脚亚目

兽脚亚目包括所有的肉食性恐龙和部分杂食、植食性恐龙，还是鸟类的祖先。

恐龙成长录

恐龙从出生到长大，绝大多数是需要父母呵护的。而且，在成长的过程中，它们需要学习很多本领，才能保证在那个弱肉强食的年代生存下来。

给我热量

恐龙是卵生动物，就像鸡一样，小恐龙都是从蛋中孵化出来的。小恐龙在孵化时是需要热量的，一般来说，恐龙蛋可以靠太阳光的直接照射、沙子的热量和覆盖在蛋上的植物发酵所产生的热量来孵化。另外，有的恐龙妈妈也会伏在蛋上，为小恐龙的孵化提供一个温暖的环境。恐龙妈妈会准备充足的食物，还要保护自己的蛋，以免被其他动物吃掉。

小恐龙出生了

据说，小恐龙在几个月的时间里就能孵化出来。恐龙妈妈一次下的蛋虽然不多，但孵化率很高，一般一窝可孵化 10~20 只小恐龙。

备受呵护

小恐龙几乎是同时孵化出来的，它们已经长出了牙齿，可以咀嚼食物。恐龙时代的法则是弱肉强食，对这些小恐龙来说，危险无处不在。好在大多数恐龙都是尽职尽责的父母，在恐龙宝宝出生后，恐龙爸爸就负责觅食，恐龙妈妈则会精心地喂养、照顾自己的宝宝们。

大家住在一起

为了相互保护，很多恐龙的成长、生存都是采取群居的方式。在小恐龙出生不久后，也会加入群体中。小恐龙会和小伙伴们一起玩耍，成年的恐龙有时候会在一起“聊天”。它们有的能发出一系列与众不同的声音，有的彼此之间碰头示意。有的成年恐龙不喜欢聊天，就会独自悠闲地散步。一旦遇到危险，小恐龙就会被大恐龙围在中间保护起来。

学会生存

小恐龙在长大的过程中，要学着生存。对于肉食性恐龙来说，捕食猎物是一生中最重要的事情。灵活的头脑、强劲的咬合力、锋利的爪子是缺一不可的。尽管这样，肉食性恐龙每次狩猎也不可能都顺利完成。所以肉食性小恐龙要不断练习。对于植食性恐龙而言，除了要寻找食物来填饱肚子外，还要能够抵御肉食性恐龙的攻击，所以植食性小恐龙会练习逃命，这些都是关乎生存的本领，不能掉以轻心。

恐龙蛋的形状

目前人们发现的恐龙蛋化石有圆形的、椭圆形的、扁圆形的、橄榄形的，还有圆柱形的。另外，科学家还发现白垩纪时期的恐龙蛋蛋壳并不是光滑的，其表面常有一些装饰性的花纹，粗糙的条纹和小疙瘩是最常见的；而早期的恐龙蛋化石则比较光滑，比如三叠纪和侏罗纪时期的恐龙蛋。科学家认为这些条纹和疙瘩可以增加蛋壳的硬度，以提高小恐龙的生存率。

西峡恐龙蛋化石群

1993 年，河南省西峡县发现了震惊世界的恐龙蛋化石群。这里出土了巨型的长形蛋，其长度超过了 50 厘米，在世界上极其罕见，是西峡恐龙蛋化石的重要标志。

被恐龙统治的地球

生物大灭绝带来的新时代

侏罗纪始于三叠纪末期的灭绝事件，大多数生物在这时灭绝。当时的恐龙虽然还十分弱小，但却顽强地存活了下来。随着时间的推移，地球的气候变得温暖而湿润，万物开始复苏。恐龙家族趁势崛起，开始称霸地球。

成为世界霸主

到侏罗纪晚期时，恐龙已经成为世界的霸主。这时，除了空中的翼龙和海洋中的动物能和恐龙们争锋外，没有哪种陆地动物能和恐龙相抗衡。恐龙在种类、数量和分布上，远远超过了其他物种。

拥有侏罗纪之最的北美洲

侏罗纪晚期的北美洲大陆，生活着各种各样的恐龙，比如包括蜥脚下目的双腔龙、迷惑龙、腕龙、圆顶龙、梁龙；鸟臀目的弯龙、剑龙；兽脚亚目的异特龙、角鼻龙、嗜鸟龙、蛮龙等。其中，双腔龙是目前发现的最大恐龙，而蛮龙无疑是侏罗纪的王者。

恐龙灭绝之谜

恐龙曾经主宰地球长达1亿多年，不过这些庞然大物却在白垩纪晚期突然集体灭绝，成为令人费解的谜团。目前，古生物学家虽然已经提出了很多种假说，以推测恐龙灭绝的原因，但还没有一种观点能对此做出完美的解释。

陨石碰撞说

陨石碰撞说是目前接受度最高的一种假说。该假说认为，在6600万年前，天空中突然落下了一颗直径达到10千米的陨石。这块陨石撞击在地球的近岸处，留下了一个巨大的坑。海水瞬间变成蒸汽喷射到数万米的高空，同时掀起了滔天海啸，大水无情地吞噬了地面的一切。陨石撞击地球时，还产生了铺天盖地的灰尘，一时间暗无天日、气温骤降、大雨滂沱。陨石散发的热量导致极地和高山地区的冰雪融化，引起了泥石流、山洪等地质灾害。

在数年的时间里，天空一直被尘埃遮蔽，导致地球上的生物在很长时间内无法得到光照，整个大地一时间陷入沉寂。于是，大批恐龙因为失去食物而死去，最终集体灭绝。

物种老化说

这种学说认为，恐龙在经历了1亿多年的发展后，进化方向出现了问题，它们的体型越来越大，身体器官也越来越大，最终导致反应迟钝，因此丧失了生活能力，使它们集体走向了灭亡。

造山运动说和海洋潮退说

有的科学家认为，白垩纪末期发生的造山运动导致大地的沼泽干涸，使许多生存在沼泽地带的恐龙无法生存下去。同时，由于气候变化，植物进化出了不同的形态，种类和数量都大大减少，而植食性恐龙无法适应新的环境，便相继灭绝了。植食性恐龙灭绝后，肉食性恐龙也没有了食物，便随之灭绝了。

而海洋潮退说认为，由于大陆漂移、海洋潮退，不同的陆地相接后，生物彼此接触，可能产生了新的天敌，或者是由于微生物感染，导致某些种类的生物绝种，继而引发连锁反应，使恐龙灭绝。

火山爆发说

有的科学家认为地球上当时发生了大规模的火山爆发，导致全球气候发生巨大变化。这个变化最终使气候变得寒冷，植物大量死亡，因此，恐龙就因为缺乏食物而灭绝了。

另外，火山爆发可能还导致臭氧层出现了漏洞，使得大量有害的紫外线直接照射到地球表面，破坏了生物的遗传物质。于是，畸形恐龙大量产生，它们最终因无法适应自然而死亡。

哺乳类侵犯说

哺乳动物具有强大的适应能力和更加先进的繁殖方式，因此其后代的成活率不断提高。在白垩纪后期，哺乳动物的数量出现了大爆发。科学家推测，这些哺乳动物可能会吃掉营养丰富的恐龙蛋。因此，随着哺乳动物数量的激增，它们消耗的恐龙蛋越来越多，就会导致恐龙的数量锐减，并最终灭绝。

珍贵的恐龙化石

恐龙化石是非常稀少的，因为它们的形成具有偶然性，只有恐龙死去并很快被沉积物或水下泥沙所覆盖，才有可能变成化石。但即使恐龙的尸体成功经过石化作用，变成了化石，当化石露出地表后，还会面临很多危险。在地球表面的岩石圈运动中，恐龙化石可能会被压扁、扭曲，甚至被运送到地壳底部，被高温所熔化。逃过这些劫难的恐龙化石，还要及时被人们发现并进行保护，才能保存下来。

恐龙妈妈和它的宝宝走在路上时不幸遇到了泥石流，它们来不及躲避，被埋进了泥沙里，失去了生命。

不久以后，它们的肌肉、表皮等柔软部分都腐烂了，而坚硬的骨骼却保留了下来。

随着沉积物的不断增厚，骨骼越埋越深，最终被周围的矿物质所渗入取代，就变成了化石。这个过程是极其缓慢的。

地壳运动或水、风的作用会将化石所在的岩层推挤到地球的表面。专业人员将化石小心翼翼地挖掘出来，让它们重见天日。

恐龙趣味问答

第一个发现恐龙化石的人是谁？

在英国南部有一个小乡村，那里有一个名叫曼特尔的乡村医生。1822 年 3 月的一天，曼特尔出门给病人看病。因为天气寒冷，而曼特尔又迟迟未归，夫人便带上一件衣服前去迎接他。

曼特尔夫人走过一条正在修建的公路，发现被凿开的岩石上有一些亮晶晶的东西。她走上前去，发现是一些类似动物牙齿的化石，便小心翼翼地把它们取出来并带回家。后来，曼特尔夫妇又在原处发现了许多类似的牙齿和相关的骨骼化石。

为了弄清楚这些化石的归属，曼特尔总是找机会到各地的博物馆去对比标本、查阅资料。后来，他在博物馆结识了一位正在研究鬣蜥的博物学家，便带着那些化石来到博物馆，与博物学家收集的鬣蜥的牙齿相对比，结果发现两者非常相似。于是，曼特尔得出结论：这些化石属于一种与鬣蜥同类但已灭绝的古代爬行动物。由于这个原因，曼特尔将其命名为“鬣蜥的牙齿”（中文译为禽龙）。因此，曼特尔就成为发现恐龙化石的第一人。

恐龙会不会生病？

在研究恐龙化石的过程中，科学家发现恐龙也会受到一些小病痛的折磨。

在美国的自然历史博物馆中，就有一具生病的鸭嘴龙化石。它的左肱骨部分有明显的骨质增生现象，因此科学家推断它的左肱骨可能曾经骨折，并出现了骨膜炎的症状，才引发了骨质增生。不仅如此，恐龙很可能还会受到内科、外科，甚至五官科等多种疾病的困扰，不过这些都无法考证了，因为只有骨科疾病才在化石上留下“病历”。

恐龙能活多久？

科学家经常根据恐龙骨骼化石的骨化程度确定恐龙死亡时属于幼年还是成年，再根据同种恐龙不同个体的发育情况，推测其从幼年到成年需要花费的时间。因此，科学家就可以计算出恐龙可能拥有的最高寿命了。

研究结果表明，在不遭遇疾病和意外的情况下，恐龙可以活 100~200 岁。其中，植食性恐龙比肉食性恐龙活得更久，巨型恐龙也比小型恐龙活得更久。

三大恐龙博物馆在哪里?

美国犹他州国立恐龙公园、中国自贡恐龙博物馆和加拿大艾伯塔省恐龙公园并称为“世界三大恐龙博物馆”。

怎样为恐龙起名?

1. 根据恐龙独特的生活方式命名。比如“慈母龙”，意思是“好妈妈”，因为它们会很用心地照看自己的孩子。

2. 根据恐龙身体的某个独特部位命名。比如“恐爪龙”长着可怕的爪子。

3. 根据恐龙的发现地命名。比如“云南龙”，是在中国的云南省发现的。

4. 还有一些恐龙是由发现它化石的科学家命名的。

恐龙的皮肤能形成化石吗?

恐龙的皮肤属于软组织，因为非常容易腐烂，所以形成化石的可能性极其小。不过，也不是绝对不可能，只是条件更加苛刻。

1985 年，中国的古生物学家在四川省自贡市发现了一块珍贵的剑龙的皮肤化石。准确地说，这是一块印膜化石。所谓印膜化石，是指皮肤的纹理印在了黏土上，并被保存下来，这块黏土又变成了化石。

恐龙的皮肤化石非常少，目前发现的恐龙皮肤化石都是印膜化石，而中国的剑龙皮肤化石则是第一个被发现的植食性恐龙皮肤化石。

有保持格斗姿势的恐龙化石吗?

在蒙古国，人们发现了扭打在一起的恐龙化石。其中一具是植食性的原角龙，另外一具是肉食性的快盗龙。

观察化石可推知，快盗龙的前爪抓住了原角龙的头部，将后爪刺进了它的腹部。而原角龙也没有屈服，它用尽全身力气撞进了快盗龙的胸膛。最后，两只恐龙同归于尽。它们的尸体被泥沙掩埋，经过 8000 万年的时间，终于形成了珍贵的化石。

马门溪龙

如果你养了一只马门溪龙做宠物，想要给它织一条围巾，那恐怕要费点工夫了，因为它是恐龙家族里有名的长脖子，能达到长颈鹿脖长的 3 倍呢！

都是口误"惹的祸"

马门溪龙生活在侏罗纪晚期的沼泽地带。1952 年，人们在四川宜宾一个叫马鸣溪的地方发现了一具恐龙化石。1954 年，中国古生物学家杨钟健给这具化石起了名字，叫作"马鸣溪龙"。不过，由于口音问题，人们误听成了"马门溪龙"。因此，马鸣溪龙就这样稀里糊涂地被改了名字，这便有了现在我们所说的"马门溪龙"。

亚洲第一龙

2006 年 8 月，人们在新疆的奇台发现了迄今为止最大的马门溪龙化石，其体长达 35 米。想象一下，全长可以达到12层楼高度的恐龙，是不是很令人震惊？"亚洲第一龙"的名号真是实至名归。

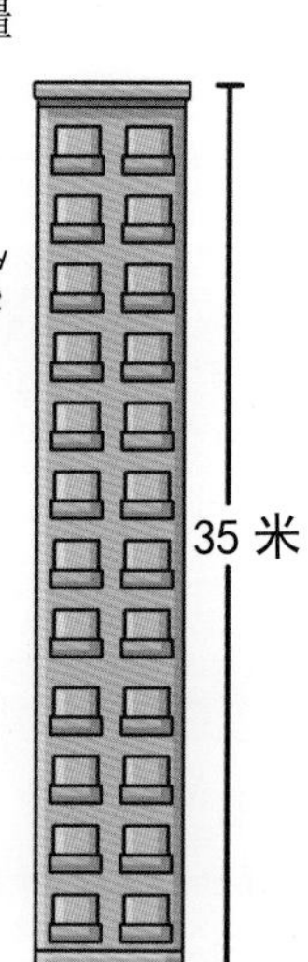

小拱桥

从外形上看，马门溪龙四肢着地时就像一座小拱桥，粗壮的四肢就像桥墩一样，支撑着庞大的桥身，而长长的颈部和尾巴则是引桥。

惊人的脖子

马门溪龙的颈部特别长，可达到身体全长的一半，是目前为止人们已知在地球上生活过的脖子最长的动物。站在地上，马门溪龙的头就可以伸进三楼的窗户。

马门溪龙那惊人的细长脖子由 19 块颈椎骨组成，这些颈椎骨相互叠加在一起，使它的脖子非常僵硬，只能慢慢地转动。由于脖子长，虽然它有 27 吨重，但身形依然显得很苗条。

小得可怜的脑袋

虽然马门溪龙拥有庞大的身躯和长长的脖子，但它的脑袋却小得可怜，长度只有 60 厘米，还不如自己的一块脊椎骨大。它脖子上的肌肉非常强壮，支撑着它那像蛇一样的小脑袋，看起来有点滑稽。

至尊利器 —— 尾锤

尾锤是马门溪龙的“至尊利器”。马门溪龙有着很强的警惕性和防御能力，在进食的时候，也会时刻保持警觉，注意着周围的动静，提防着可恶的肉食性恐龙。当遭遇袭击时，马门溪龙可以在肉食性恐龙靠近身体前，就舞动着“流星锤”给对方致命一击。

板龙

对于你的宠物板龙来说，针叶和苏铁这样的食物实在是太难消化了，而且板龙的牙齿和上下颌的结构都不太适合咀嚼。所以，你要为你的宠物准备一些特殊的“零食”——石头。

外部形态

在板龙出现之前，最大的植食性动物的身材也就像一头猪那么大，板龙的身体创造了新的纪录，有一辆公共汽车那么长，因为它有着像长颈鹿一样细长的颈部和厚实有力的尾巴。它的头部细长而狭窄，口鼻部较厚，在上颌与下颌之间，分布着很多牙齿。它们的眼睛朝向两侧，视线没有死角，可以随时警戒掠食者。

5 根指头

板龙的前肢短小，长有 5 个指头，就像人类的手指一样长短不一。每个手指上都长着利爪，拇指上的爪子最长最尖锐，既可以用来驱赶敌人，也能用来抓取食物。平时，它把指爪像脚趾一样按在地上，想抓住东西的时候就弯曲这 5 个指头，把东西紧紧攥住。

寻觅食物

板龙用四肢步行来寻觅地上的植物，为了保护拇指上的爪子，它会把拇指翘起来。如果地面没有它喜欢的食物，它就会依靠两只强壮的后肢直立起来，并用弯曲的拇指钩住树上的枝叶送进嘴里。

取食的苦恼

板龙有修长而灵活的脖子，这让它的外形变得美观，但是也给它带来了苦恼——头重脚轻。如果不是地面上的食物少得可怜，或者低处的食物实在是不合自己的胃口，板龙一般是不会站立取食的。

吞食石头

板龙吞下石头后，让它们储存在胃中。当板龙吞下食物的时候，这些石头就像一台碾磨机那样滚动碾磨，把食物碾碎成糊状。

我可不是饿疯了！

集体迁徙

为了寻找食物，在干旱季节，板龙会成群结队地向海边迁徙，去寻找水源和食物。要走到海边，需要穿越浩瀚的沙漠。如果领路的板龙不幸在漫天的黄沙中迷失了方向，那么几乎所有的板龙都会集体死亡。由于板龙的身体庞大，又成群迁徙，很少遭到肉食动物的袭击。因此，一些小型植食性恐龙会跟随板龙的队伍，一起寻找新的家园。

异特龙

如果你的宠物是侏罗纪时代最大的肉食性恐龙——异特龙，那可太酷了！带着这个“移动城堡”去散步，一定很拉风！但是，需要提醒你的是：千万千万不要让它摔倒！否则，只有动用吊车，才能把它扶起来。

大脑袋的家伙

异特龙有个接近 1 米长的大脑袋，其头骨是由几个分开的模块组成的，可以相互镶嵌，所以吞咽大块的肉对它们来说不在话下。它们的头部最突出的特征就是两眼间对称生长的一对角，看起来威风凛凛，可实际上非常脆弱，科学家推断，这对角应该是起着装饰的作用。

千万不要摔倒

凭借细长有力的后肢，异特龙可以快速行走和奔跑。当它像大鸟一样用后肢大踏步行进时，相当于一个人慢跑的速度。异特龙的一步相当于一辆小轿车的长度。别看它走起路来大步流星的，如果不小心摔倒了，它不但会受伤，就连想爬起来都会很吃力。

捕猎利器

异特龙的前肢比后肢短，非常强壮，并且长有如鹰般巨大的爪子，这无疑是它用以捕猎的利器。它的尾巴又粗又长，在攻击时也许还能起到辅助作用。

集体作战

捕猎时，异特龙常常集体作战，特别是面对体型巨大的蜥脚类恐龙的时候，团体协作成为它们成功的不二法宝。体型最大、最强壮的异特龙负责在前面驱赶，而其他异特龙则会围成一个包围圈，把猎物控制在它们的攻击范围内，在猎物精疲力竭的时候，再群起而攻之。

同族相残

在食物不充分的情况下，异特龙还会同族相残，许多较小的异特龙就是在争抢食物的时候被较大的异特龙咬死的。

按顺序进食

在进食的时候，异特龙有着明显的顺序：强壮的先进食，弱小的则要等到最后才有机会去吃剩下的残羹冷炙。异特龙并不是什么时候都能捕捉到新鲜活物，所以有时候也吃其他动物吃剩下的动物尸体。

圆顶龙

在每天的绝大部分时间里，你的宠物圆顶龙都在吃东西，因为要让如此庞大的身躯正常运转，它需要很多食物来补充养料。为了让你的宠物能吃得饱饱的，快把你的小伙伴们都叫过来，一起为它运送食物吧！

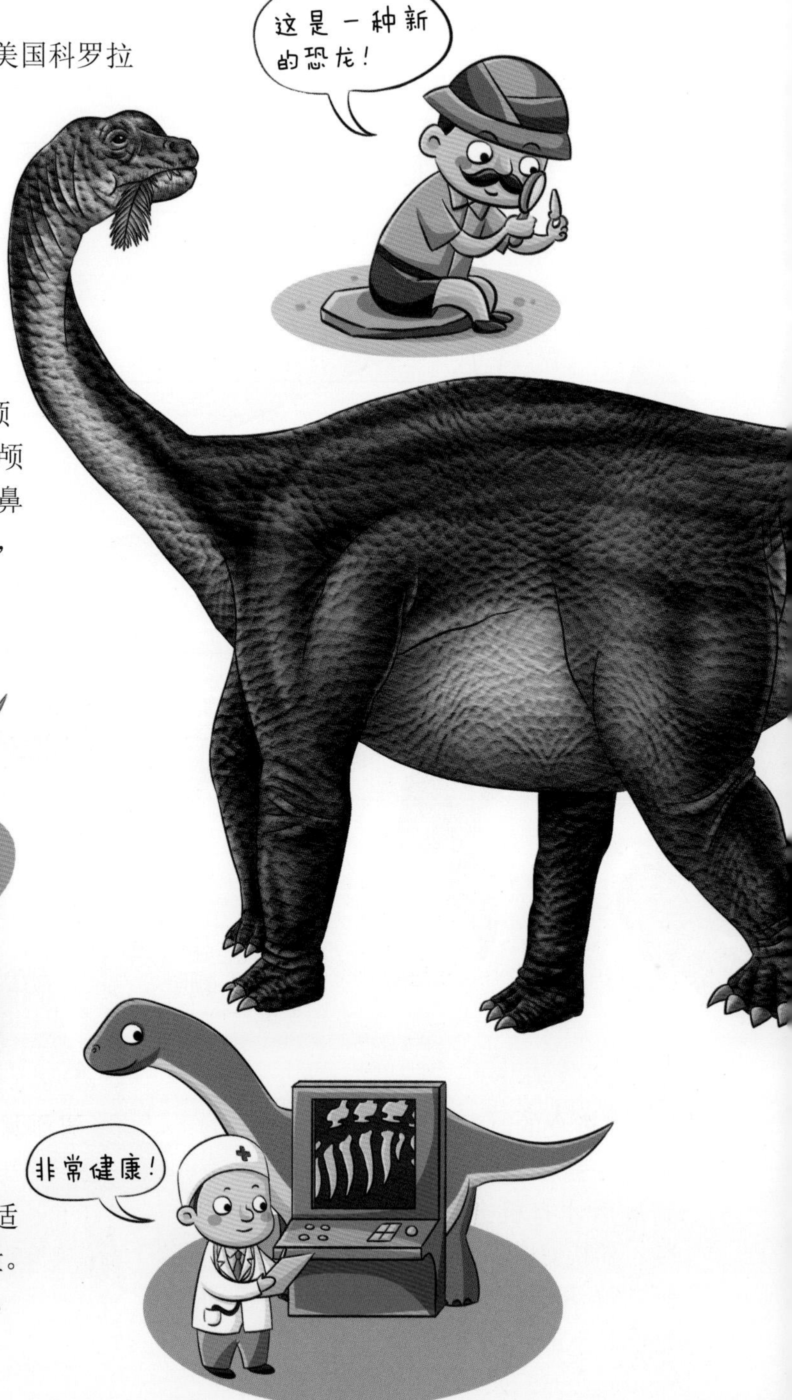

名字的由来

1877 年，一位名叫卢卡斯的植物学家在美国科罗拉多州发现了一些零碎的脊椎化石。之后，著名的古生物学家科普买下了这些化石，并雇用卢卡斯继续探测。同一年，卢卡斯宣称自己发现了一种新的恐龙，并且将其命名为“圆顶龙”。

最大特点

圆顶龙的最大特点是具有圆拱形的头颅骨，这也是它得名的原因之一。圆顶龙的头颅骨短而高，两个大鼻孔分别开在头骨两侧，鼻端看起来很钝。它的鼻腔很大，嗅觉很灵敏，可以提前避开敌人。

骨骼形态

圆顶龙的骨骼形态与自身巨大的体重相适应，它的腿骨粗壮圆实，可以承担巨大的重量。它的脊椎是空心的，这样可以减轻它的体重。12 节颈椎互相重叠，可以使颈部更加硬挺。

唯一武器

圆顶龙的腿像树干一样粗壮，每只脚上都有五个脚趾，最内侧的脚趾上长着长而弯曲的爪子，非常锋利，这是它面对敌人时可以使用的唯一武器。

囫囵吞叶

圆顶龙生活在侏罗纪晚期开阔的平原上，其牙齿大约有 19 厘米长，就像一把把小凿子一样整齐地排列着，可以用来啃断树枝和树叶。不过，圆顶龙不会咀嚼，它用牙齿把树叶切下来，然后囫囵吞进肚子里。

一边走路，一边生蛋

圆顶龙的蛋被发现的时候，都是成行的，而不是整齐地排列在巢穴中，由此可见，圆顶龙可能是一边走路一边生下蛋的。这真是太令人惊讶了！这样看来，圆顶龙在成长的过程中，是不会得到父母的照顾的。

腕龙

水对腕龙来说非常重要，在遥远的侏罗纪晚期，水中的藻类、湖岸边的丛林都能为它提供丰富的食物。现在你的宠物不用再为食物发愁了，但是，如果你能为它修建一个巨型游泳池，我想，它一定会非常开心的！

生活环境

腕龙是侏罗纪时期巨大的植食性恐龙，其名字的原意为“有武装的蜥蜴”。它们成群居住并且一起外出，生活在长满蕨类、苏铁目及木贼属植物的草原和树林。

特色身躯

腕龙身躯巨大，身长约 23 米，重达 20 ～ 30 吨。它有一个非常小的脑袋和一个很长的脖子，鼻孔长在头顶上，牙齿平直而锋利。从尾巴、臀部、肩膀到脖子，腕龙的身体就像一道逐渐升高的斜坡。它的脑袋高高悬在半空中，傲视着大地上的一切。

身体向后倾斜

腕龙的前肢高大，要比后肢长很多，这样能帮助它支撑长脖子的重量。由于肩部耸起，腕龙的整个身体便沿着肩部向后倾斜，这种情况在类似长颈鹿这样的高个儿动物身上还能看到。

大胃王

腕龙需要吃大量的食物，才能满足庞大的身体生长和四处活动所需要的能量。一头大象一天能吃大约 150 千克的食物，而腕龙每天大约能吃 1500 千克的食物，是大象的 10 倍。

重要的水

水可以为腕龙撑起一把保护伞，如果肉食性恐龙来袭，腕龙就会迅速移到深水处，将全身浸泡在水中，只把脑袋顶部的鼻孔露出水面呼吸。看到这一幕，肉食性恐龙只能望水兴叹，悻悻离去了。

鹦鹉嘴龙

鹦鹉嘴龙长着像鹦鹉一样可爱的弯曲呈钩状的角质喙，不过你在喂它食物的时候，可千万别掉以轻心，因为它的咬合力非常惊人。为了避免被它误伤，建议你在给他喂食的时候，还是用一个长长的夹子吧！

叫我小可爱

鹦鹉嘴龙是著名探险家安德鲁斯第三次带领中央亚细亚考察队，在蒙古国南部的戈壁沙漠发现的。鹦鹉嘴龙身长约 2 米，身高约 1 米，体型娇小，是恐龙家族中少见的可爱型。

养育子女

在中国发掘出的鹦鹉嘴龙化石中，一只成年恐龙的四周围着 30 多只小恐龙，身长大约 20 厘米，这说明它们是一窝幼崽。这些幼崽挤在 0.5 平方米的空间里，嗷嗷待哺，科学家由此推测小鹦鹉嘴龙出生后，会得到成年鹦鹉嘴龙的照顾，直到它们能够自己觅食。

强大咬合力

10 多厘米长的鹰嘴龟一口能咬断一双一次性筷子，据此推断，2 米长的鹦鹉嘴龙的咬合力应该也是非常惊人的，估计能轻易咬断人的手臂。

日常生活

鹦鹉嘴龙集体生活在低洼的湖泊或者河岸地区，以岸边多汁的植物为食。鹦鹉嘴龙的嘴巴前端没有牙齿，两侧的叶状牙齿可以初步磨碎植物。为了帮助消化，鹦鹉嘴龙需要吞下一些石块。

没有角的角龙祖先

科学家发现鹦鹉嘴龙的喙和原角龙、三角龙等角龙类恐龙相似，推测鹦鹉嘴龙应该是角龙类恐龙的一种。经研究发现，鹦鹉嘴龙的构造比其他角龙类恐龙更原始，而且出现在地球上的年代也要早得多，所以古生物学家认为鹦鹉嘴龙应该是其他有角类恐龙的祖先。

危机四伏

当大量行动敏捷的肉食性恐龙出现后，鹦鹉嘴龙因为没有长出角龙类特有的尖角和用于防御的颈盾，无法适应危机四伏的环境，最终逐渐灭绝。

成为名门望族

鹦鹉嘴龙的后代长出了可怕的长角和结实的颈盾，还发展出了很多种类，把角龙类变成了恐龙中的名门望族，一直生活到了白垩纪晚期。

莱索托龙

莱索托龙有两个美誉——快跑能手、弹簧脚。为了充分满足它的展示欲，你可以在院子里给它准备一套跳高设备当玩具！如果有动物运动会，你一定要带你的宠物去参加哦，我相信它一定不会让你失望的！

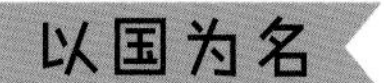

在非洲南部的南非境内，有一个“国中之国”，它就是莱索托王国。这个国家出土了一种迷你恐龙化石，就叫莱索托龙。

身形小巧

莱索托龙身形小巧，大约只有 1 米长，体重约 10 千克。它个头虽小，但身体结构表现出很好的平衡性，因此行动非常敏捷，能在资源有限而又需要时刻提防捕食者的环境里很好地生存。

大眼睛

莱索托龙的脑袋很小，头颅骨短小而平坦，但眼窝却很大，这说明它有一双大眼睛。由于个子小，防御力和战斗力都很低，所以莱索托龙必须时刻保持警惕。因此，一双能够洞察周围环境的大眼睛是它们生存的保障。

快跑能手

莱索托龙看起来很像蜥蜴，但却是用两条后腿行走的。它的身体很轻巧，敏捷性很高，后肢修长而有力，因此奔跑起来速度非常快，有“快跑能手”的称号。

弹簧脚

莱索托龙的大腿粗短健壮，小腿则又细又长，这说明它具有很强的弹跳力，因此又获得了“弹簧脚”的美誉。相对于后肢而言，莱索托龙的前肢很短，但也很强壮，在采集食物的时候能发挥强大的作用。

为了在奔跑和跳跃中保持平衡，莱索托龙的骨骼长得非常坚实，尾巴总是伸得很直，将全身的平衡点落在臀部上。当然，这也是以后肢行走的植食性恐龙的普遍特征。

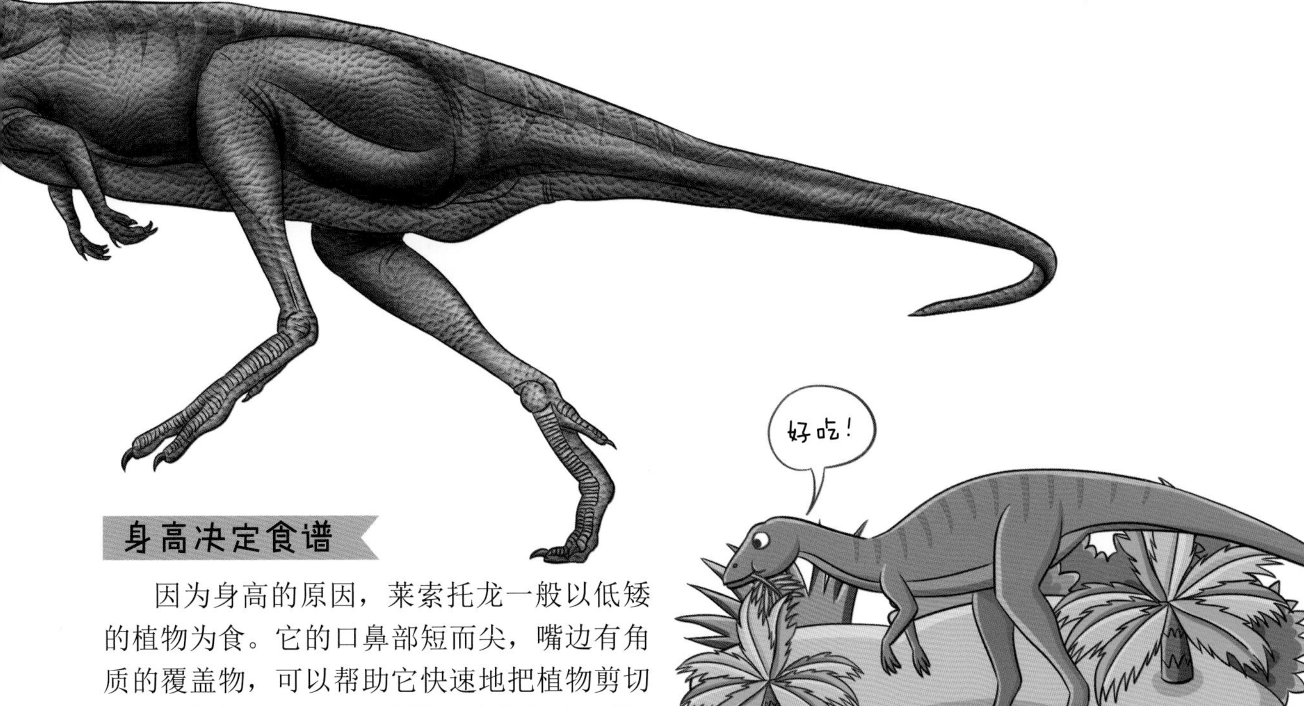

身高决定食谱

因为身高的原因，莱索托龙一般以低矮的植物为食。它的口鼻部短而尖，嘴边有角质的覆盖物，可以帮助它快速地把植物剪切下来。莱索托龙颌骨两边的牙齿像箭头一样，很适合咬住植物。

始盗龙

我们从始盗龙那轻盈矫健的身形就不难想象到，它能够进行急速猎杀。如果你带着你的宠物去散步，碰到别人的宠物狗，最好让对方离得远一点。不然的话，对方恐怕就要失去他心爱的宠物了……

发现始盗龙

1993 年，始盗龙的化石被发现于南美洲阿根廷西北部的一处不毛之地，那里有一个神秘的名字——月谷。始盗龙的发现是很偶然的，当时挖掘小组的一位成员在一堆废石块里发现了一个近乎完整的头骨化石，于是挖掘小组对废石堆一带反复检查，找到了更多的化石，最终拼凑出了一具很完整的未知种类恐龙骨骼。到目前为止，始盗龙是已发现的最古老的恐龙，它的出现，拉开了恐龙家族占领地球的帷幕。

迷你身材

始盗龙的身材在恐龙家族中是非常迷你的，如果要与同样也属于原始恐龙的埃雷拉龙相比，就好像是小猫与老虎。

灵活的四肢

始盗龙的前肢有 5 个“手指”，非常适合捕捉猎物，甚至能捕捉体型与自己差不多的猎物。一旦猎物被它们抓住，就很难逃脱。不仅如此，始盗龙的后肢也很强壮，因此它们还具有很快的速度。

不挑食的家伙

始盗龙的牙齿很有特点：后面的牙齿像带槽的牛排刀一样锋利，在撕咬切割的时候，这些牙齿就派上用场了；前面的牙齿则呈现树叶状，这与植食性恐龙很相似，适合研磨。从牙齿推断，始盗龙可能是一种既吃肉类又吃植物的杂食性恐龙。

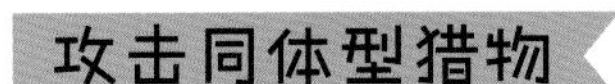

攻击同体型猎物

当始盗龙看到与自己体型差不多大小的猎物时，会果断地冲上去，用锋利的前爪抓破对方的头骨，这一系列的动作几乎是在瞬间完成的。被始盗龙攻击的猎物，即使不会立刻毙命，也会血流不止，失去反抗的能力。

攻击大型猎物

当面对那些笨重的比自己体型庞大的原始爬行动物时，始盗龙就会利用自己灵活快速的攻击技能去消耗它们的体力，等到它们精疲力竭后，再完成致命的一击。有的猎物甚至到了临死前，还没搞明白攻击自己的究竟是什么东西。

慈母龙

“慈母龙”的本意是“好妈妈蜥蜴”，这个名字对它来说是实至名归的。慈母龙不仅会筑巢，还会在小慈母龙能独立生活前一直精心照料它们。如果你想为你的宠物分担一些工作的话，那就帮它修建一个温暖的巢吧！

大块头

虽然这种恐龙的名字叫作慈母龙，但是它的身体并不柔弱、娇小。相反，它是个标准的大块头。慈母龙身长 9 米，高 2~2.5 米，重达 3~4 吨。慈母龙的头部像马一样长，眼睛上方有一个非常小的实心的骨质头冠。科学家推测，慈母龙可能会用这个头冠来互相碰撞，以此来争夺领袖地位。

群居生活

慈母龙是群居动物，它们依靠群体生活来保证自己和后代的安全。当一群慈母龙活动时，身体最强壮的慈母龙往往会负责守卫，防止敌人偷袭。

筑巢

每年雌慈母龙都会聚集到同一处产卵地建造巢穴。为了保护后代，慈母龙总是把巢筑在很高的地方，这样既可以躲避敌人，又能居高临下地观察周围的情况。雌慈母龙筑巢时，一般用泥土围一个直径约 2 米的圆坑，然后在里面铺上植物的嫩枝和叶子。

产卵

到了繁殖季节，每只雌慈母龙会在窝里产下 18~40 颗蛋，然后用植物覆盖在上面，以保持温度。天气冷的时候，慈母龙还会趴在蛋上，以维持孵化所需要的温度。

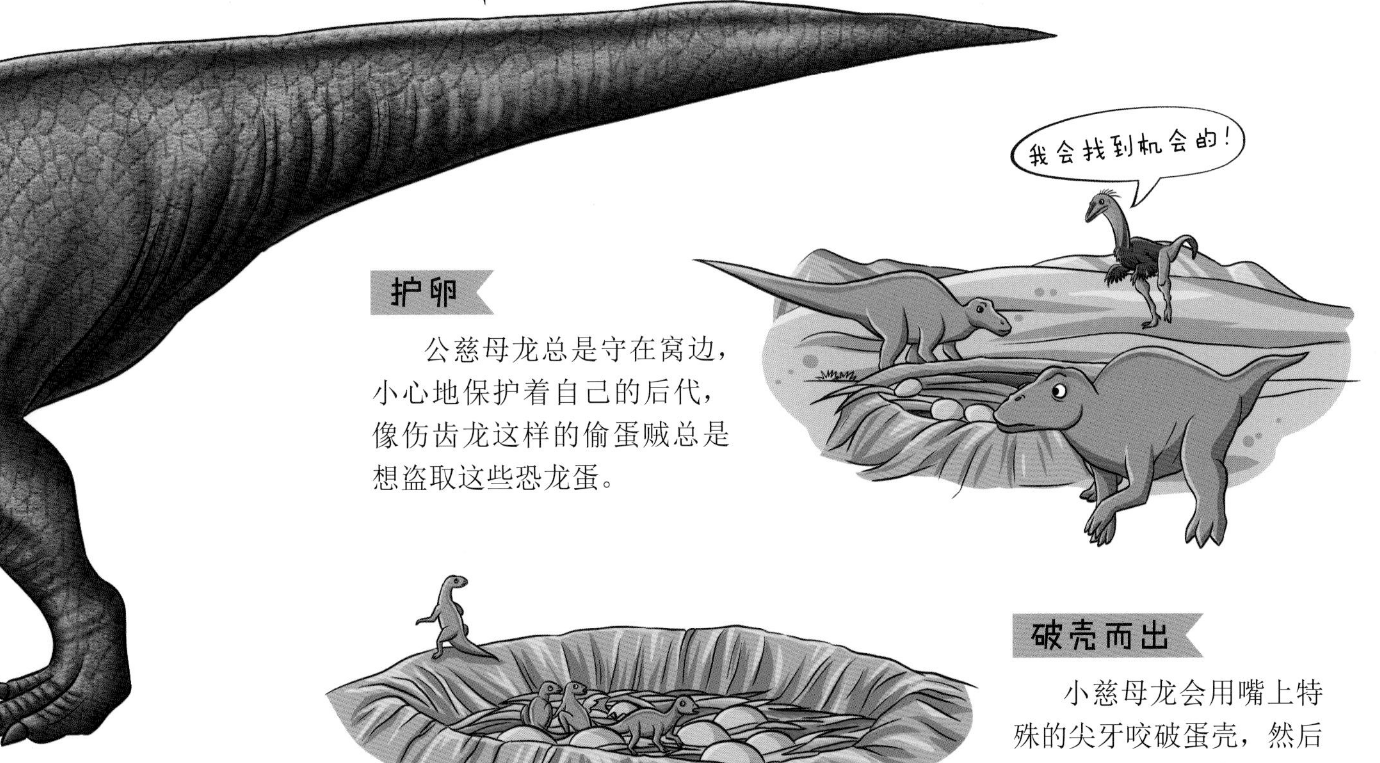

护卵

公慈母龙总是守在窝边，小心地保护着自己的后代，像伤齿龙这样的偷蛋贼总是想盗取这些恐龙蛋。

破壳而出

小慈母龙会用嘴上特殊的尖牙咬破蛋壳，然后自己从壳里钻出来。

漫长童年

小慈母龙破壳而出后，慈母龙爸爸、妈妈就会外出寻找可口的食物来喂养它们。小慈母龙要长到 15 岁才能成年，这时才可以完全离开父母，开始独立生活。因为在成年之前，小慈母龙的骨骼一直处于半发育阶段，如果单独行动是很危险的。

鸭嘴龙

鸭嘴龙的嘴巴扁扁长长的，就像鸭子的嘴一样，所以才有了这样的名字。虽然长着一张鸭子嘴，看起来憨厚可爱，但是人家也是恐龙哦！你可千万别说它和鸭子有些像，它可不愿意听你这么说。

鸭嘴龙分类

根据鸭嘴龙头骨的形态，可以分为两大类：一类头上很平，没有什么特别的装饰物；另一类则长着形状不同的突起物，叫作顶饰。顶饰的形态各不相同，有的像植物的球茎，有的则像一把斧头。

独特的牙齿

鸭嘴龙的头骨很长，颌骨两侧长有棱柱形的牙齿，一层一层镶嵌排列着，数量可达2000多颗。每一侧的牙齿都通过骨组织牢固地连接在一起，就像一块小搓板。

鸭嘴龙的牙齿长成这样是有利于它们生存的。当它们咬住树叶并用角质的喙将其切断后，就会把这些树叶转移到“小搓板”上磨碎。

牙齿的秘密

鸭嘴龙的牙齿如果被磨损了或者断了，应该怎么办呢？我们的担心有点多余了，因为它们的牙齿和人类的牙齿结构不一样。鸭嘴龙的牙齿被磨损之后，根部还会继续生长，以补充被磨损的部分，所以它们的牙齿总是会保持合适的长度。

鸭嘴龙“木乃伊”

人们在美国曾经发现两具鸭嘴龙“木乃伊”，它们的胃里有松柏等针叶树的针、细枝、被子植物的种子或其他硬的碎片等。

巨型袋鼠

鸭嘴龙是用两条后腿行走的，其后腿非常粗壮，而且尾巴也很大。鸭嘴龙的腿和尾巴构成一个三脚架，可以稳定地支撑身体。由于鸭嘴龙的前肢短小，从远处看就像一只巨型袋鼠。

生活习性

鸭嘴龙有很多时间都是在沼泽、湖泊中度过的，它们不善于奔跑，又没有自卫武器，所以有些鸭嘴龙喜欢长时间待在水里，甚至钻到水底下寻找食物，这样就可以躲避霸王龙等肉食性恐龙。

重爪龙

重爪龙的脚爪强壮而有力，看起来就像是一种用双脚行走的鳄鱼。别的恐龙的食谱要么是肉，要么是植物，重爪龙可与它们完全不同。在重爪龙的菜单上，主食一定是鱼！你可一定要记好了哦。

“超级巨爪”

1983年，化石猎人沃克在英国东南部的萨里郡寻找化石时，在一个脏乱的泥土坑里发现了一个超过30厘米长的大爪化石，呈镰刀状，尖端非常锋利。这个巨爪就来自于重爪龙，在当时引起了轰动，被人们称为“超级巨爪”。

身材特点

重爪龙的头部扁长，形状很像鳄鱼，颈部很直。其前肢强壮，有三根强有力的指头，后肢也很结实，能够支撑起庞大的身体。重爪龙的尾巴很粗壮，有利于维持身体的重心，让它们在捕食过程中不至于跌倒。

量力而行

从重爪龙独特的口部和牙齿推断，它们不会主动攻击身长 9 米以上的植食性恐龙，比如和它们生活在同一时代的禽龙。

很难撕下肉块

虽然重爪龙的大爪子可以把植食性恐龙杀死，但是圆锥形的牙齿却不利于撕咬，所以重爪龙很难从别的恐龙身上撕下肉块。因此，重爪龙不适合担任掠食者的角色。不过，它们也会吃死掉的恐龙，因为人们曾在重爪龙的胃部找到小禽龙的骨头碎片。

恐龙渔夫

在 1 亿多年前的早白垩纪，重爪龙生活的地区有很多鱼类，身长 1 米以上的淡水鱼都很常见，所以捕食鱼类就可以满足重爪龙的食物需求。而且重爪龙圆锥形的牙齿很适合咬住滑溜溜的鱼，然后整个吞下。因此，它们可能会像灰熊一样站在水中抓鱼，然后用嘴叼住，带到蕨丛中去慢慢享用。

霸王龙

如果你饲养了一只霸王龙，那可太酷了！霸王龙是最大型、最残暴的品种，位于白垩纪晚期的食物链的顶端，当时北美洲的各种恐龙基本上都可以成为它的捕猎对象。霸王龙的脾气非常不好，所以你在饲养它的时候，一定要多哄它开心，给它讲笑话就是个不错的方法哦！

北美洲之王

霸王龙生存于中生代最末期的北美洲，其生存范围非常广阔，从北方的加拿大到南方的墨西哥湾。霸王龙生存的环境既有平坦的河口三角洲，又有起伏的丘陵，它们是北美洲最后的国王。

巨大的头

霸王龙的脑袋很大，长度甚至可以超过 1.5 米，看上去结实而沉重。与其他肉食性恐龙的窄脸不同，霸王龙的头骨不但长，而且又宽又高。在这宽脸之上，长有一对向前的大眼睛，因为这对眼睛的视野范围可以重叠，所以霸王龙有很好的立体视觉。

高智商肉食者

霸王龙看起来笨拙，其实拥有很高的智商。在捕猎时，霸王龙发现猎物后，可以用立体成像的双目锁定猎物的位置，然后根据不同的地形，决定是选择伏击还是追击。

残忍猎杀

当霸王龙发起猎杀时，它们会突然冲出来，然后在最短的时间内将速度提到最高。差不多 10 吨的体重限制了霸王龙的机动性，因此它们无法长时间高速奔跑，必须在短时间内追上或是截住猎物。

来自地狱的召唤

霸王龙的攻击就像是来自地狱的召唤，它们强大的咬合力和锋利的牙齿是绝佳的组合。依靠头部和颈部肌肉群提供的巨大力量，霸王龙拥有高达 5 吨的咬合力。而且它们的嘴里有超过 60 颗牙齿，最长的能达到 18 厘米。它们在撕咬猎物的时候，甚至能轻松咬断骨头。

剑龙

在电影、漫画或是玩具中，我们经常能见到剑龙。剑龙有一个小得可怜的脑袋，它的大脑只有一个橘子大小，这使它有些笨笨的。如果你想把它训练得聪明一点儿，恐怕要花费点精力呢！

意外发现

1877 年 3 月，美国的小学教师莱克斯在科罗拉多州的莫里森城郊外意外发现了一块巨大的动物脊椎化石。他把自己的发现告诉了古生物学家马什，并在同一地点再次挖掘出大量化石。后来，马什买下了这些化石进行研究，还把这种生物命名为剑龙。

大块头，小脑袋

剑龙是完全用四足行走的恐龙，大小与大象差不多。它们的前肢短，后肢较长，整个身体就像拱起的一座小山。虽然剑龙不太聪明，但它们也是有优点的，那就是脾气很好。

背上长着“山峰”

剑龙的背上长着两排三角形的大大的骨板，看起来像一座座陡峭的山峰。这些骨板从颈部开始，沿着脊背一直排列到尾巴。在尾巴的最末端，还有两对长长的尾钉。

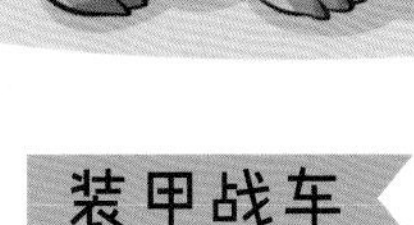

装甲战车

剑龙有个霸气的称号——装甲战车，因为它们将装甲系统发挥到了极致。许多大型的肉食恐龙，例如异特龙、角鼻龙，全都不敢轻易招惹剑龙，因为一不小心就会被它们重伤。

强大实力

在遇到威胁的时候，剑龙会把自己的身体横过来，将后肢作为防御的中轴，在空中不停甩动带刺的尾巴，与敌人展开决斗。同时，剑龙身上的骨板又大又多，让敌人无处下口。所以，剑龙能攻能守，实力非凡。

不是“独行侠”

以前，有人认为剑龙是一种喜欢独来独往的恐龙，其实剑龙是以小家庭为单位活动的。人们在科罗拉多州发现了两组剑龙的足迹化石，一组是 4~5 只剑龙正在朝同一个方向前进，另外一组则是一只成年剑龙带着一只幼年剑龙穿过一片河滩。

嗜鸟龙

如果你的宠物是一只嗜鸟龙，当你带着它去逛街时，偶然遇到警察叔叔正在追捕小偷，这可是它大显身手的好时机。它完全可以冲上去将其抓住，从而获得“荣誉市民”的称号哦！

名字的由来

一听这个名字，你一定会认为嗜鸟龙是以捕食鸟类为生的恐龙。其实，到目前为止，并没有证据显示嗜鸟龙曾真的捕食过鸟类，至于当初为什么会给它取个这样的名字，大概只有命名者才知道吧！

我生气了

嗜鸟龙有一个坚固的小脑袋，脑后和横贯肩膀部分长着锋利的鳞片。如果它生气了，或者感到恐惧，就会站起来恐吓对方。

绝佳的视力

嗜鸟龙的视力非常好，能察觉到环境的变化，可以轻松地找到岩石下面躲藏着的猎物。

爱吃小型动物

嗜鸟龙的身高只有0.7米左右，喜欢吃小型动物。在北美洲的大森林里，生活着许多小型哺乳动物，这些都是嗜鸟龙丰富的食物来源。嗜鸟龙的身体可能还没有一只山羊大，但是它的胃口却让人吃惊，它能吃下比自己还要大的猎物，可真是个名副其实的“大胃王”！

有力四肢

嗜鸟龙的体重在肉食性恐龙中相对较轻，但是却有着非常强壮的后肢，而且像鸵鸟一样长得很长，因此奔跑起来就像风一样快。嗜鸟龙的前肢第三个小手指就像人类的拇指，向内弯曲，如果捕捉到的猎物用力挣扎，这根手指可以帮助它轻轻握住猎物。

捕食特写

快看！一只小梁龙在蕨类植物的掩护下露出了头，还没来得及呼吸一口新鲜空气，就被猛地跳出来的嗜鸟龙一口咬住了脖子。

梁龙

在侏罗纪，梁龙在北美洲称霸了一千多万年。梁龙拥有“世界上身体最长的恐龙”的称号，如果你和你的小伙伴们想去春游，那就坐上这辆“梁龙车”，一定是整条街上最亮眼的交通工具哦！

身体最长的恐龙

你一定想问，梁龙的身体最长可以到多少米呢？我来告诉你——35 米，差不多是 20 个成年人伸展开自己的双臂，站成一排的长度。梁龙这个称号的得来，还要归功于它们的超级大尾巴，这也是梁龙的武器。

看我的超级大尾巴！

四肢与脖子

梁龙的四肢比较短，后肢比前肢长，它们可以用后腿站立，用尾巴协助支撑。梁龙的脖子占身体的比例其实不太大，就算是 35 米长的梁龙，它的脖子也大约只有 6 米长。

站得高才看得远！

尾巴的力量

梁龙的尾巴有巨大的力量，当它们猛烈挥动时，尾巴的速度甚至会超过音速。如果被这样的大“鞭子”抽中，动物的小命可就没了。因为梁龙身体强壮，还有无敌大尾巴，所以它们曾称霸北美洲西部平原。

直接吞咽

梁龙的嘴前部长着扁平的牙齿，侧面和后部却没有牙齿，因此它吃东西时很少咀嚼，总是挑选较嫩的植物直接吞咽。所以，梁龙的胃具有很强的消化功能。

快速成长

梁龙每次都下很多蛋，但它们却不会及时照顾自己的孩子。刚出生的梁龙只有 30 厘米长，要经过大约 10 年的时间，一只幼龙才能完全发育。这时，梁龙就有能力保护自己，能与掠食者抗争了。

邻居，你好啊

古生物学家不仅发现了梁龙，还找到了它的邻居。他们对比了梁龙和圆顶龙的化石，从牙齿的形态看，梁龙喜欢嫩而且软的叶子，而圆顶龙喜欢较为粗糙的叶子。也就是说，即使它们生活在一起，也不会因为食物而打架。

棘龙

棘龙是体型庞大的肉食性恐龙，长着长长的像鳄鱼似的嘴巴，背上还长着一个“小船帆”。如果你想去海边和小伙伴们比赛玩帆船，还有比棘龙更完美的搭档吗？快去试试看吧！

体格强健

棘龙的颈部是“S”形的，在剧烈运动或撕裂猎物时，肌肉结实的颈部就会发挥重要作用。长长的尾巴可以使棘龙保持身体平衡，就算是在运动中，也不会因为重心不稳而狼狈地摔倒。

强大的攻击力

棘龙的体型与暴龙差不多，攻击力也与暴龙有一拼。棘龙嘴里长满了巨大而锋利的牙齿，呈圆锥形，上面还有几条纵向的平行纹路，与鳄鱼等爬行动物比较相似。因此，科学家推测，棘龙也会以鱼类为食物。

背上的小船帆

在棘龙的背上，有很多长达1.8米的棘，从脑袋后面一直延伸到尾巴前缘。这些棘被表皮覆盖着，看上去就像船帆一样，被称为棘帆。这些棘帆是干什么用的呢？科学家做出了下面这些推测。

棘帆上覆盖着一层薄皮，里面布满了微血管，棘龙身体里多余的热量会通过血管散发出来，由流动的空气带走。

棘帆是色彩鲜艳的求偶工具，就像雄性孔雀用开屏吸引异性一样，雄性棘龙也会用色彩斑斓的棘吸引异性。

棘帆上面布满了特殊细胞，白天时可以吸收太阳能，把能量存储在一个特殊的组织中。到了夜间，气温下降，棘龙就可以用这些能量保持体温。

棘帆的作用与骆驼背上的驼峰是一样的，是脂肪的储藏袋。气候干旱时，棘龙靠着里面的脂肪就可以活下去。

三角龙

三角龙是角龙家族里的最后一代子孙，它们长着非常大的颈盾，还有三根角状物。哪怕是全世界最厉害的斗牛士竭尽自己的力量和技艺想要挑战它们，都会败下阵来。

好斗的素食者

三角龙长着两根长长的额角，这是具有强大威慑力的防御武器。遇到危险时，三角龙会毫不犹豫地用这对“长矛”向敌人刺过去。三角龙不仅对前来挑衅的敌人全力迎战，还会对自己的同类“横眉冷对”，可真是好斗的家伙啊！

大头风采

三角龙的长相和现在的犀牛有些神似。它们的头颅非常大，这也是三角龙的代表特征。其颈盾长度可超过 2 米，且非常结实。在颌部的前端，还长着角质喙，可咬断坚硬的植物。

与暴龙决斗

三角龙拥有强壮结实的体格、尖锐的角，在白垩纪晚期时，它们和霸王龙展开过无数次决斗。三角龙的额角是恐怖的武器，会给霸王龙带来沉痛的打击，但是它们的身体两侧和尾巴却容易成为敌人攻击的目标。

坚硬颈盾

三角龙的头后是相对短的骨质颈盾。颈盾很坚硬，上面没有空洞，是一块完整的骨板，可以保护三角龙，使肉食性恐龙难以咬到三角龙的脖子。雄性三角龙的颈盾上可能有鲜亮的彩色图案，可以吸引雌性三角龙的注意。

有趣的牙齿

你知道三角龙有多少颗牙齿吗？说出来吓你一跳。它们有 400~800 颗牙齿。这些牙齿非常坚硬，而且在磨损后，还能长出新的牙齿。可惜，这些牙齿并不能像人类的牙齿一样碾压和磨碎，它们的功能主要是剪切。进食时，三角龙会张开锋利的鹦鹉嘴形的鸟质喙，咬下嫩叶，直接吞到肚子里。

大家一起生活

古生物学家在同一个地点发现了很多三角龙化石，因此，他们猜测三角龙是喜欢群居生活的动物。它们就像今天的麝牛一样，在遇到危险时，成年的三角龙会围成一个圈，把幼小的三角龙保护在里面。

雷利诺龙

你的宠物雷利诺龙是一种“神眼龙”，它的视力在整个恐龙家族中都是数一数二的。但是，千万不要因为它有这样绝佳的视力，就让它承担帮你读报的工作哦，因为它并不识字啊！

名字的由来

雷利诺龙生活在大约 1.1 亿年前的白垩纪早期，它的个子跟三岁的孩子差不多，体重仅有 10 千克。在澳大利亚的恐龙湾，它的化石首次被发现，发现者用自己女儿的名字——雷利诺·里奇为它命名。

前肢与后肢

雷利诺龙的前肢短，后肢很长，奔跑速度快。它的前肢非常灵活，上面有 5 个指头，可以用来挖掘地下的食物。

南极洲的原住民

雷利诺龙是南极洲的原住民，当时澳大利亚大陆还与南极大陆连在一起，雷利诺龙就生活在极地的森林里面。南极地区一年内总有几个月见不到太阳，为了在黑暗里生活，雷利诺龙的眼睛慢慢变得很大，视觉也非常敏锐。在漫长的极地夜间，它们靠着绝佳的夜视能力寻找食物。

分工与合作

雷利诺龙喜欢群居生活，在族群中，通常是雌性恐龙担任首领。首领负责领导整个族群，还担负着繁衍和教育下一代的重任。在族群中，分工很明确，有专门负责警戒的恐龙，有专门负责修补巢穴的恐龙，还有专门守护幼崽的恐龙。

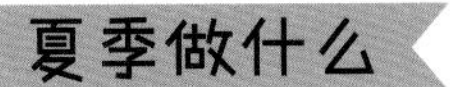

夏季做什么

夏季到来时，雷利诺龙会抓紧时间，在森林中交配、筑巢、产卵、哺育后代。年轻的雷利诺龙会在冬天来临前努力地进食，让自己更健壮，才能度过寒冷的冬季。

冬季做什么

古生物学家认为，在最寒冷的时候，雷利诺龙会在几个星期内不吃也不喝，处在睡眠的状态。但是这可不是冬眠，因为当天气有所好转时，雷利诺龙就会醒来，继续在黑暗中生活。

副栉龙

如果你养了一只副栉龙，我想，它一定是用头骨上长着的又大又修长的冠饰吸引了你。这冠饰使它看上去是那么与众不同！如果你想为你的宠物选择一顶帽子，厨师帽也许会是个不错的选择！

独特的冠饰

副栉龙的冠饰就像一根长长的骨棒，沿着脑袋向后弯曲。从结构上看，这冠饰是中空的，内部的管从鼻孔一直到冠饰尾端，然后绕回到头后方，最后直到头骨内部。

副栉龙在哪里

作为一种植食性恐龙，副栉龙的身材很高大，有 9~13 米长。副栉龙的皮肤上面还有一些花纹，这种保护色可以让它们在丛林中活动时，不容易被敌人发现。

玩转水陆的全才

副栉龙有着强健的前肢，可以四足行走，也可以用两足站立，快速奔跑。不仅如此，它们在水中也能自由运动，能快速地涉水而过。所以，玩转水陆的全才非它们莫属！

有情况！注意！

“站岗”的恐龙

副栉龙在进食时，会安排一些“哨兵”站岗。它们的视觉很敏锐，还拥有出色的嗅觉和听觉。当“哨兵”发现有肉食性恐龙靠近时，就会发出报警或求救的声音。

集体力量大

副栉龙是群居动物，因为它们除了庞大的身躯外，没有任何防御武器，所以需要聚集在一起，以集体的力量御敌，提高生存的概率。

听声音，辨恐龙

有个女生在唱歌！

科学家认为副栉龙是当时叫声最大的恐龙。副栉龙的冠饰能降低自己声音的频率，使声音在茂密的森林里传得更远，群体之间更容易沟通。不同性别和年龄的副栉龙发出的声音也不相同，因此它们可以通过声音判断出对方的性别和年龄。

现如今，这些大块头已经离开我们数千万年了。科学家一直在不遗余力地进行研究，遗憾的是，它们身上还有很多秘密没有被揭开。也许，爱科普的你，将来会继承这项伟大的事业哦！